BEI GRIN MACHT SICH IHR
WISSEN BEZAHLT

- Wir veröffentlichen Ihre Hausarbeit,
  Bachelor- und Masterarbeit

- Ihr eigenes eBook und Buch -
  weltweit in allen wichtigen Shops

- Verdienen Sie an jedem Verkauf

Jetzt bei www.GRIN.com hochladen
und kostenlos publizieren

Die Faszination der Zahl Pi. Über die Geschichte und Anwendung von Pi

Charlotte Hielscher

Bibliografische Information der Deutschen Nationalbibliothek:

Die Deutsche Nationalbibliothek verzeichnet diese Publikation in der Deutschen Nationalbibliografie; detaillierte bibliografische Daten sind im Internet über http://dnb.d-nb.de abrufbar.

ISBN: 9783668995321
Dieses Buch ist auch als E-Book erhältlich.

Druck und Bindung: Books on Demand GmbH, Norderstedt Germany
Gedruckt auf säurefreiem Papier aus verantwortungsvollen Quellen

Das vorliegende Werk wurde sorgfältig erarbeitet. Dennoch übernehmen Autoren und Verlag für die Richtigkeit von Angaben, Hinweisen, Links und Ratschlägen sowie eventuelle Druckfehler keine Haftung.

Das Buch bei GRIN: https://www.grin.com/document/488741

Was ist die Faszination von Pi?

Inhaltsverzeichnis

Anzahl der Abbildungen: 12

Anzahl der Tabellen: 2

Anzahl der Literaturzitate: 14

Abkürzungsverzeichnis

A_K	Fläche eines Kreises [m²]
A_{OK}	Oberfläche eines Kegels [m²]
A_{OKu}	Oberfläche einer Kugel [m²]
A_{OZ}	Oberfläche eines Zylinders [m²]
A_Q	Fläche eines Quadrates [m²]
d	Durchmesser [m]
f	Frequenz [Hz]
n	Drehzahl [U/s]
r	Radius [m]
t	Zeit [s]
T	Periodendauer [s]
U_K	Umfang eines Kreises [m]
V_{Ke}	Volumen eines Kegels [m³]
V_{Ku}	Volumen einer Kugel [m³]
v_L	Lineargeschwindigkeit [m/s]
v_U	Umfangsgeschwindigkeit, Umlaufgeschwindigkeit [m/s]
V_Z	Volumen eines Zylinders [m³]
$y_{(0)}$	max. Ausgangsamplitude [m]
$y_{(t)}$	Ausgangsamplitude zum Zeitpunkt t [m]

1   Einleitung

Es gibt viele geometrische Formen, angefangen von Dreiecken, Vierecke, Sechsecke bis hin zu Vielecken. Doch eine bestimmte Form hat etwas nicht, und zwar Ecken. Und diese Form ist der Kreis. Für alle Formen mit Ecken lässt sich der Umfang mit geometrischen Zusammenhängen exakt berechnen. Doch bei der Berechnung des Umfanges eines Kreises gibt es immer eine Ungenauigkeit.

Warum?

Schuld daran ist eine Konstante, welche das Verhältnis vom Umfang zum Durchmesser des Kreises beschreibt. Und diese Konstante heißt:

$$\pi \quad \text{(ausgesprochen: Pi)}$$

Inspiriert zu diesem Thema hat mich ein Zeitungsartikel der Augsburger Allgemeine. „Darin ehrte das Google Doodle den Pi-Tag 2018 zum 30. Mal. Für Google hat ein Star-Bäcker kreisrunde Kuchen gebacken" (vgl. Augsburger Allg. 2018).

In dieser Facharbeit gebe ich Einblicke in die Geschichte, die Berechnungen, zu den gängigen Formeln, zu den Anwendungen und den Kuriositäten von Pi.

Doch was ist Pi?

„Pi wird im Allgemeinen Kreiszahl, auch Ludolphsche Zahl oder Archimedes-Konstante genannt" (vgl. Wikipedia.org 2018c). „Euler verwendete als Erster die griechische Ziffer π für die Zahl. Pi bedeutet im griechischen Alphabet Perimeter" (Blick am Abend 2018). „Pi ist eine unendliche Zahl. Dies bewies Heinrich Lambert im Jahre 1761" (vgl. Griesel et al. 2016: 180).

2   Geschichte und Berechnung von Pi

„Mit der Anwendung von Rechenregeln, wie z. B. für den Bau und Verwaltung von Eigentum (Viehbestand, Getreideerträge), kam die Entdeckung von Beziehungen zwischen verschiedenen Gegenständen oder Rechenwerten. So wurde auch die Beziehung entdeckt, dass das Verhältnis des Umfanges eines Kreises zu seinem Durchmesser für alle Kreisgrößen konstant ist.

Die ersten Spuren und Hinweise auf Pi wurden in alten Papyrus Rollen gefunden (siehe Abbildung 1).

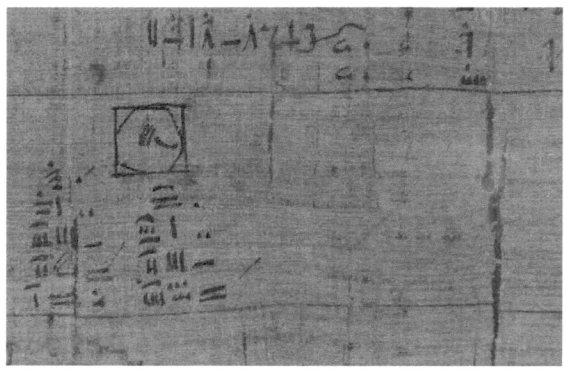

Abbildung 1: Ausschnitt aus einer Papyrus-Rolle des Britischen Museums; aus (Steffens 2018)

Diese stammen aus der Zeit um 1850 v. Chr. vom Schreiber Ahmes. Er behauptete, dass ein kreisartiges Feld mit dem Durchmesser d=10 Maßeinheiten die gleiche Fläche habe wie ein quadratisches Feld mit einer Seitenlänge s von 9 Maßeinheiten" (vgl. Schmidt 2001: 17), siehe Abbildung 2.

Damit kam Ahmes auf einen Pi-Wert von 3,24.

$$\frac{\pi}{4} \times d^2 = s \times s \qquad (2.1)$$

$$\frac{\pi}{4} \times 10^2 = 9 \times 9$$

$$\pi = 3{,}24$$

d *Durchmesser*
                            [m]

s *Weg [m]*

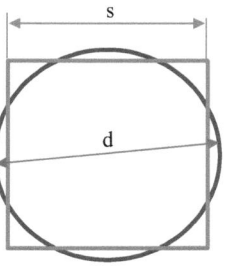

Abbildung 2: Prinzipskizze zu (Schmidt 2001)

Mit einigen Korrekturen und Anpassungen erfolgte die Berechnung mittelts eines unregelmäßigen 8-Eckes um einen Kreis (siehe Abbildung 3).

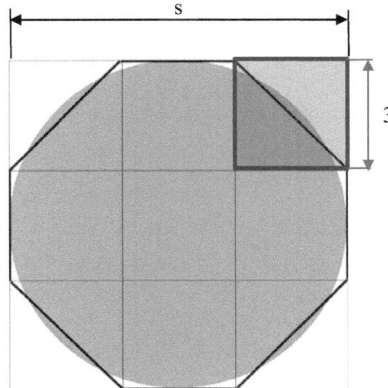

Abbildung 3: Veranschaulichung der näherungsweisen Berechnung von π durch Ahmes; aus (Krimbacher 2007)

„Dazu drittelte Ahmes zunächst die Seiten s des Quadrats und gewinnt damit neun gleiche kleinere Quadrate (siehe hellblaues Quadrat aus Abbildung 3) mit der Seitenlänge von 3 Einheiten. Von den vier Eckzellen werden jeweils die Hälfte weggeschnitten. Damit kommt er zu einem unregelmäßigen Achteck. Dieses setzt sich aus fünf vollen und vier halben Quadraten zu der Gesamtfläche von 7

Quadraten mit je $3 \cdot 3 = 9$ Flächeneinheiten zusammen und besitzt so den Flächeninhalt von $7 \cdot 9 = 63$ Quadrateinheiten. Ahmes nimmt den Inhalt von $64 = 8 \cdot 8$ Quadrateinheiten an. Dann hat er die Fläche eines Kreises (A_K) mit dem Durchmesser 9 gleich der Fläche eines Quadrates (A_Q) mit der Seitenlänge 8 gesetzt" (vgl. Wikipedia.org 2018b).

$$A_K = A_Q \qquad\qquad\qquad (2.2)$$

$$A_K = \frac{\pi}{4} \times 9^2$$

$$A_Q = d \times d = 8^2 \qquad\qquad (2.3)$$

$$\pi = \frac{4 \times 8^2}{9^2} = \left(\frac{16}{9}\right)^2 = \frac{256}{81} = 3{,}16049$$

A_K *Fläche eines Kreises [m²]*

A_Q *Fläche eines Quadrates [m²]*

d *Durchmesser [m]*

Die Abweichung zum korrekten Pi betrug bereits damals weniger als ein Prozent. Diese Berechnungsmethoden sind noch einfach und nachvollziehbar. Etwas aufwendiger betrieb es in der Zeit von 287-212 v. Chr. Archimedes. „Er verwendete zur Berechnung des Kreisumfanges Vielecke, welche sowohl zum Kreisumfang einbeschrieben als auch umbeschrieben sind" (vgl. Griesel et al. 2016: 180) (siehe Abbildung 4).

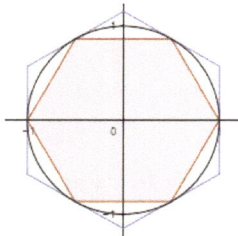

Abbildung 4: exemplarische Darstellung für einbeschriebene (inneres rotes Vieleck) und umbeschriebene Vielecke (äußeres Vieleck blau) eines Kreis; aus (Steffens 2018)

Am 96-Eck zeigte er das Ergebnis.

einb. V.   umb. V.

$$3\frac{10}{71} < \pi < 3\frac{1}{7} \quad \pi = \frac{22}{7} \approx 3{,}143$$

Als Näherungswert wurde für Pi häufig 3,143 verwendet. Um 150 n. Chr. fand Claudis Ptolemäus für Pi den Näherungswert $\pi = 3\frac{17}{120} \approx 3{,}141\bar{6}$ (vgl. Griesel et al. 2016: 180)

Die Berechnungsmethoden wurden im Laufe der Zeit immer weiter optimiert um so viele wie mögliche Stellen nach dem Komma zu berechnet.

„Zum Beispiel gelang Ludolph van Ceulen im Jahre 1615 (bzw.1621) mit einem inneren Vieleck a la Archimedes auf Basis eines 262-Ecks die ersten 35 Stellen von Pi zu berechnen. Die Zahl Pi bekam für lange Zeit den Beinamen Ludolphsche Zahl. Im 17. Jahrhundert tauchte die Bezeichnung mit dem griechischen Buchstaben π für Pi tauchte auf. Diese wurde von dem großen Mathematiker Leonhard Euler über seine Publikationen populär gemacht und hat sich letztendlich weltweit durchgesetzt. 1853 gelang es William Shanks die ersten 707 Nachkommastellen zu berechnen. Leider hat sich, wie sich später herausstellt, Shanks ab der 528. Stelle verrechnet" (vgl. Steffens 2018).

Bis dahin wurden alle Berechnungen ohne einen Computer durchgeführt. Mit dem Computerzeitalter nahm die Anzahl der Nachkommastellen von Pi rasant zu.

„Der Weltrekord der Pi Stellen nach dem Komma liegt bei 22,4 Billionen Stellen. Dieser wurde am 11. November 2016 vom Schweizer Peter Trüb mit Hilfe der y-cruncher Software und auf der Hardware seines Arbeitgebers aufgestellt" (vgl. Steffens 2018)

Die Tabelle 2 (Seite 24) zeigt die Entwicklung der Nachkommastellen von Pi.

3 Formeln mit Pi

In sehr vielen Formeln existiert Pi. In diesem Kapitel gebe ich einen Überblick zu den gängigsten Formeln der Geometrie und der Physik.

3.1 Formeln der Geometrie

Die bekanntesten Formeln, in der Pi enthalten ist, sind die Formeln für die Berechnung eines Kreisumfanges „U_K" und des Kreisflächeninhaltes.

$$U_K = 2 \times \pi \times r = \pi \times d \qquad (3.1)$$

$$A_K = \pi \times r^2 = \frac{\pi}{4} \times d^2 \qquad (3.2)$$

d	*Durchmesser [m]*
r	*Radius [m]*
A_K	*Fläche eines Kreises [m²]*
U_K	*Umfang eines Kreises [m]*

Bei der Betrachtung von Körper ist festzustellen, dass alle Rotationskörper die Zahl Pi enthalten. Ein Rotationskörper ist ein Volumenkörper und entsteht, wenn sich eine zweidimensionale Figur (z. B. Beispiel ein Halbkreis, ein Rechteck, ein Dreieck,) um eine Kante dreht (siehe Abbildung 5). So entstehen z. B. eine Kugel, ein Zylinder und ein Kegel.

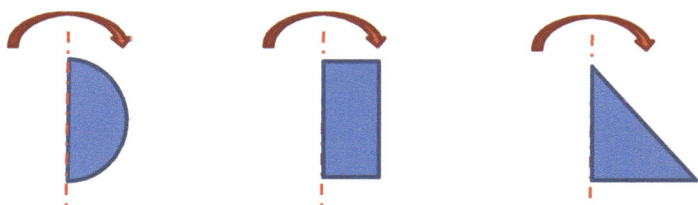

Abbildung 5: Rotation einer zweidimensionalen Figur um eine Kante; Halbkreis, Rechteck, Dreieck

Für die Standard-Rotationskörper, wie Kugel, Zylinder und Kegel, lassen sich Volumen und Oberflächen der Körper mit Pi berechnen (siehe Tabelle 1).

Tabelle 1: Rotationskörper; aus (de.serlo.org 2015) und (Becker 2015: 28)

Körper	Kugel	Zylinder	Kegel
Volumen	$V_{Ku} = \frac{4}{3} \times \pi \times r^3$ (3.3)	$V_Z = A_K \times h =$ $\pi \times r^2 \times h =$ $\frac{\pi}{4} \times d^2 \times h$ (3.4)	$V_{Ke} = \frac{1}{3} \times A_K \times h =$ $\frac{1}{3} \times \pi \times r^2 \times h =$ $\frac{1}{3} \times \frac{\pi}{4} \times d^2 \times h$ (3.5)
Oberfläche	$A_{OKu} =$ $4 \times \pi \times r^2 = \pi \times d^2$ (3.6)	$A_{OZ} = 2 \times \frac{\pi}{4} \times d^2 +$ $\pi \times d \times h$ (3.7)	$A_{OK} = \pi \times r^2 +$ $\pi \times r \times s =$ $\pi \times r^2 +$ $\pi \times r \times \sqrt{r^2 + h^2}$ (3.8)
	r: Radius [m]	d: Durchmesser [m]	h: Höhe [m]

Dies sind nur einige gängige Beispiele von Formeln der Geometrie mit der Zahl Pi. Im Allgemeinen lässt sich sagen, dass alle Flächen mit Kreisformen bzw. Rotationskörper die Zahl Pi enthalten.

3.2 Formeln der Physik

In der Physik ist Pi z. B. bei der Kreisbewegung enthalten. So z. B. bei der Umfangsgeschwindigkeit (auch Umlaufgeschwindigkeit genannt) eines Punktes auf einer Kreisbahn (siehe Abbildung 6).

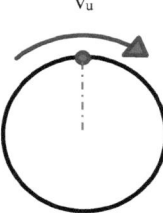

v_u

Abbildung 6: Umfangsgeschwindigkeit eines Punktes auf einer Kreisbahn

Dabei ist „s" der Weg den der Punkt auf der Kreisbahn zurücklegt. Der Weg entspricht dem Umfang des Kreises „U_K". Die Zeit „t" ist die Zeit, welche der Punkt für den Weg bzw. dem Umfang des Kreises benötigt.

$$v_U = \frac{s}{t} = \frac{U_K}{t} = \frac{2 \times \pi \times r}{t} = \frac{\pi \times d}{t} \qquad (3.9)$$

d	*Durchmesser [m]*
r	*Radius [m]*
s	*Weg [m]*
t	*Zeit [sek.]*
U_K	*Umfang eines Kreises [m]*
v_U	*Umfangsgeschwindigkeit,*
	Umlaufgeschwindigkeit [m/s]

Bei einer Kreisbewegung des Punktes auf einer Kreisbahn lässt sich mit der Umlaufzeit für eine Umdrehung, auch Periodendauer T genannt, die Umlauffrequenz „f" berechnen.

$$f = \frac{1}{T} \left[\frac{1}{s}\right] \qquad (3.10)$$

f	*Frequenz [Hz]*
T	*Periodendauer [s]*

Die Umlauffrequenz „f" wird benötigt, um z. B. die Auslenkung eines Pendels zu einem bestimmten Zeitpunkt bei einer harmonischen Schwingung zu berechnen. (vgl. Wikipedia.org 2018d).

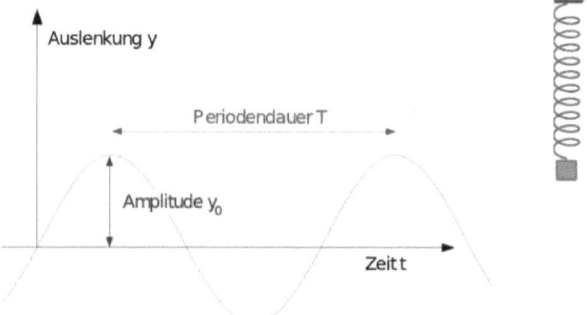

Abbildung 7: Darstellung einer harmonischen Schwingung; aus (Wikipedia.org 2018d)

Die Auslenkung y zum Zeitpunkt t (siehe Abbildung 7) entspricht:

$$y(t) = y_{(0)} \times sin(2 \times \pi \times f) \qquad\qquad (3.11)$$

f *Frequenz [Hz]*

$y_{(0)}$ *max. Ausgangsamplitude [m]*

$y_{(t)}$ *Ausgangsamplitude zum*

                                                     Zeitpunkt t [m]

Bei der Darstellung der Sinus- und Kosinusfunktion als trigonometrische Funktionen (Winkelfunktionen) wird auch Pi verwendet (siehe Abbildung 8). Zweimal Pi entsprechen 360°, also einer kompletten Umdrehung eines Punktes um eine Kreisbahn.

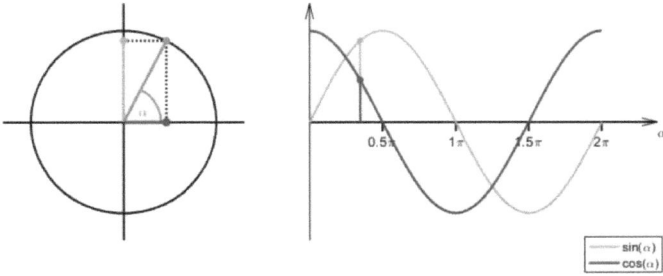

Abbildung 8: Sinus- und Kosinusfunktion; aus (Wikipedia.org 2018a)

4   Anwendung und Kuriositäten von Pi

In diesem Kapitel nenne ich einige Anwendungen, bei denen Pi benötigt wird.

4.1   Ermittlung der Geschwindigkeit eines Autos

Was hat die Geschwindigkeit eines Autos mit Pi zu tun? Im ersten Moment ist der Zusammenhang nicht gleich ersichtlich. Betrachtet man jedoch die Räder, so ist zu erkennen, dass die Rotationsbewegung der Räder in eine Linearbewegung des Autos über die Reibung zwischen Rad und z. B. Straße umgewandelt wird (siehe Abbildung 9). Die Linearbewegung ist die Geschwindigkeit des Autos "v_L". Mit einem Tachometer werden die Umdrehungen je Sekunde des Rades gemessen, in die Geschwindigkeit des Autos umgerechnet und auf dem Tachometer im Auto angezeigt.

Die Geschwindigkeit des Autos entspricht der Umfangsgeschwindigkeit des Rades „v_U". In Abhängigkeit vom Durchmesser des Rades und der Geschwindigkeit des Autos, dreht sich das Rad mit einer bestimmten Anzahl von Umdrehungen je Sekunde. Der Zusammenhang ist in den nachfolgenden Formeln dargestellt.

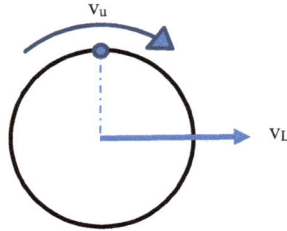

Abbildung 9: Umfangsgeschwindigkeit v_U eines Punktes am Rad – Geschwindigkeit Auto v_L

Als Formel lässt sich der Zusammenhang wie folgt darstellen:

$$v_U = \frac{s}{t} = \frac{U_K}{t} = \frac{2 \times \pi \times r}{t} = \frac{\pi \times d}{t} \qquad (4.1)$$

$$v_L = v_U \qquad (4.2)$$

$$t = \frac{\pi \times d}{v_L} \qquad (4.3)$$

$$n = \frac{1}{t} = \frac{v_L}{\pi \times d} \qquad (4.4)$$

d	*Durchmesser [m]*
r	*Radius [m]*
s	*Weg [m]*
t	*Zeit [s]*
U_K	*Umfang eines Kreises [m]*
v_L	*Lineargeschwindigkeit [m/s]*
v_U	*Umfangsgeschwindigkeit,*
	Umlaufgeschwindigkeit [m/s]

Beispiel:

geg.: v_L= 60 km/h = 16,67 m/s

d= 72 cm = 0,72 m

ges.: n [U/min]

$$n = \frac{16,67 \; m/s}{\pi \times 0,72 \; m} = 72,7 \frac{U}{s} = 4362 \frac{U}{min}$$

Über die Drehzahl des Rades wird am Tachometer im Auto die Geschwindigkeit des Fahrzeuges angezeigt.

4.2 Ermittlung der Geschwindigkeit eines Satelliten

Bei der Ermittlung der Geschwindigkeit eines Satelliten spielt die Genauigkeit von Pi eine große Rolle. In der Regel hat ein Satellit, z. B. für das Satellitenfernsehen, immer die gleiche Position über der Erde. Er bewegt sich mit der gleichen Drehzahl um die Erde wie die Erde um sich selbst. Somit vollzieht der Satellit in 24 Stunden („t") eine Umdrehung. Ein Satellit bewegt sich in einem bestimmten Abstand „r" zur Drehachse der Erde mit einer konstanten Umfangsgeschwindigkeit „v_U".

$$v_U = \frac{s}{t} = \frac{U_K}{t} = \frac{2 \times \pi \times r}{t} = \frac{\pi \times d}{t} \qquad (4.5)$$

d	*Durchmesser [m]*
r	*Radius [m]*
s	*Weg [m]*
t	*Zeit [s]*
U_K	*Umfang eines Kreises [m]*
v_U	*Umfangsgeschwindigkeit, Umlaufgeschwindigkeit [m/s]*

Es wird angenommen, dass der Satellit einen Abstand zur Drehachse der Erde von 30000 km hat. Die Zeit „t" beträgt 24 h.

$$v_U = \frac{U_K}{t} = \frac{2 \times \pi \times 30000 \ km}{24 \ h}$$

Wird für Pi= 3,1415926 eingesetzt ergibt sich eine Umfangsgeschwindigkeit von 7853,98 km/h.

Für Pi = 3,14 ergibt sich eine Umfangsgeschwindigkeit von 7850 km/h. Der Satellit bewegt sich in seiner Umlaufbahn somit 3,98 km/h langsamer. Die Abweichung beträgt nur 0,05% gegenüber der korrekten Zahl von Pi, hat aber eine große Auswirkung auf die Geschwindigkeit. In 24 Stunden wächst dadurch der Abstand in der Umlaufbahn auf 95,52 km und täglich kontinuierlich weiter.

Die richtige Geschwindigkeit des Satelliten ist aber enorm wichtig, damit er immer in der richtigen Position zur Erdoberfläche bleibt. Dies bedeutet, dass Pi auf mehrere Stellen nach dem Komma genau berechnet werden muss.

4.3 Kuriositäten

Um Pi gibt es einige Kuriositäten. So ist auf Ludolph van Ceulens (siehe Kapitel 2) Grabstein in Leiden (siehe Abbildung 10) die Zahl Pi auf 35 Stellen eingraviert.

Abbildung 10: Grab von Ludolph van Ceulen ; aus (Navarro 2016: 117)

„Viele Fans feiern am 14. März den Tag des Pi den „Pi-Day". An diesem Tag isst man auch kreisrunde Kuchen" (vgl. Blick am Abend 2018) „Und nicht nur Pi kann man am 14. März feiern: Albert Einstein wurde am gleichen Tag vor 137 Jahren geboren. Was für ein schöner Zufall" (Parkinson 2016).

„Am Tor der Henry Abbott Technical School in Danbury, Bundesstaat Connecticut in den USA befindet sich eine 20m hohe Statue (siehe Abbildung 11) von Pi. Diese wurde von der Bildhauerin Barbara Grygutis errichtet" (vgl. Navarro 2016: 115)

Abbildung 11: Statue von Pi; aus (Navarro 2016: 115)

Künstlerisch ist Pi auch als Fries im Palais de la Découverte in Paris mit mehr als 600 Stellen zu sehen (siehe Abbildung 12). „Diese wurden 1873 von William Shanks, einem englischer Mathematiker, berechnet" (vgl. Navarro 2016: 113).

Abbildung 12: Pi als Fries im Palais de la Découverte in Paris; aus (Navarro 2016: 113)

Es gibt auch einen Pi-Sport, bei dem es gilt, sich so viel wie mögliche Stellen von Pi zu merken.

Außerdem gibt es im Internet bei YouTube den „Song of Pi"

5 Fazit

Pi hat ein Geheimnis. Man wird die Zahl nie vollständig ermitteln. Es gibt immer eine Ungenauigkeit.

Pi hat aber auch eine anziehende, fesselnde Wirkung.

Warum gibt es diese Zahl? Warum gibt es genau dieses Verhältnis zwischen Umfang und Durchmesser eines Kreises? Warum macht es uns die Natur so schwer einen Kreis zu berechnen?

In vielen Fällen ist eine Zahl mit einer Endlichkeit verbunden. Die Unendlichkeit der Zahl Pi ist unvorstellbar.

Warum soll man dennoch bemüht sein 22,4 Billionen Stellen nach dem Komma zu berechnen? Macht irgendwie keinen Sinn.

Doch.

Je größer die Dimensionen, umso genauer muss Pi sein.

Im heutigen Zeitalter spielen die Genauigkeit von Pi und somit die Stellen nach dem Komma eine extrem wichtige Rolle. Gerade in der Raumfahrt ist eine hohe Genauigkeit von Pi erforderlich.

„Ohne Pi gäbe es keine Smartphones, keine Navigationssysteme, Flugzeuge oder Satelliten. Denn Pi wird überall da gebraucht, wo die exakte Berechnung einer Kurve oder eines Kreises wichtig ist." (Parkinson 2016).

Faszinierend finde ich vor allem, dass bereits vor dem Beginn des Computerzeitalters Mathematiker Pi auf die 528. Stelle berechnen konnten.

Wie haben sie das bloß geschafft?

Literaturverzeichnis

(Augsburger Allg. 2018)   AUGSBURGER ALLG.: *Google Doodle ehrt heute den Pi-Tag 2018*. URL https://www.augsburger-allgemeine.de/panorama/Google-Doodle-ehrt-heute-den-Pi-Tag-2018-id50638441.html – Überprüfungsdatum 12.09.2018

(Becker 2015)   BECKER, Frank-Michael: *Formeln und Werte : Mathematik, Physik, Chemie, Biologie bis zum Abitur*. 1. Druck, 2. Auflage. Berlin : Duden Schulbuchverlag, 2015

(Blick am Abend 2018)   BLICK AM ABEND: *11 runde Fakten zur Kreiszahl π*. URL https://www.blickamabend.ch/very-best-of/wichtigste-zahl-der-mathematik-11-fakten-zur-kreiszahl-pi-id4798726.html. – Aktualisierungsdatum: 2018-03-14 – Überprüfungsdatum 19.09.2018

(de.serlo.org 2015)   DE.SERLO.ORG: *Rotationskörper*. URL https://de.serlo.org/mathe/geometrie/raeumliche-figuren/rotationskoerper/rotationskoerper. – Aktualisierungsdatum: 2018 – Überprüfungsdatum 30.11.2018

(Griesel et al. 2016)   GRIESEL, Heinz (Hrsg.); POSTEL, Helmut (Hrsg.); SUHR, Friedrich (Hrsg.); LADENTHIN, Werner (Hrsg.); LÖSCHE, Matthias (Hrsg.): *EdM - Elemente der Mathematik*. Berlin/Brandenburg, Druck A. Braunschweig : Schroedel, 2016

(Krimbacher 2007)	KRIMBACHER, Peter: *Datei:Calculation of pi by Ahmes.svg*. URL https://de.wikipedia.org/wiki/Datei:Calculation_of_pi_by_Ahmes.svg – Überprüfungsdatum 05.11.2018
(Navarro 2016)	NAVARRO, Joaquín: *Das Geheimnis von π : Verhältnisse in der Mathematik*. Kerkdriel : Librero, 2016
(Parkinson 2016)	PARKINSON, Sofia: *Pi Day: Wozu die Kreiszahl wichtig ist - WELT*. URL https://www.welt.de/wissenschaft/article153246317/Wo fuer-brauchen-wir-eigentlich-die-Zahl-Pi.html. – Aktualisierungsdatum: 2016-03-13 – Überprüfungsdatum 12.09.2018
(Schmidt 2001)	SCHMIDT, Karl Helmut: *Pi - Geschichte und Algorithmen einer Zahl*. s.l. : Books on Demand, 2001
(Steffens 2018)	STEFFENS, Gerald: *Die Geschichte der Zahl Pi - π - Faszination in Ziffern*. URL https://3.14159265358979323846264338327950288419 7169399375105820974944592.eu/die-geschichte-der-zahl-pi/ – Überprüfungsdatum 12.09.2018
(Wikipedia.org 2018a)	WIKIPEDIA.ORG: *Sinus und Kosinus*. URL https://de.wikipedia.org/w/index.php?oldid=181971605 . – Aktualisierungsdatum: 2018-11-23 – Überprüfungsdatum 30.11.2018
(Wikipedia.org 2018b)	WIKIPEDIA.ORG: *Papyrus Rhind*. URL https://de.wikipedia.org/w/index.php?oldid=178042655 . – Aktualisierungsdatum: 2018-10-30 – Überprüfungsdatum 05.11.2018

(Wikipedia.org 2018c)   WIKIPEDIA.ORG: *Kreiszahl*. URL
                          https://de.wikipedia.org/w/index.php?oldid=180857834
                          . – Aktualisierungsdatum: 2018-09-17 –
                          Überprüfungsdatum 19.09.2018

(Wikipedia.org 2018d)   WIKIPEDIA.ORG: *Schwingung*. URL
                          https://de.wikipedia.org/w/index.php?oldid=178416430
                          . – Aktualisierungsdatum: 2018-11-23 –
                          Überprüfungsdatum 30.11.2018

Abbildungsverzeichnis

Anhang

Tabelle 2: Entwicklung der Nachkommastellen von π aus (Wikipedia.org 2018c)

Mathematiker	Jahr	Dezimalstellen
Ägypten, Rechenbuch des Ahmes (Papyrus Rhind)	ca. 16. Jahrhundert v. Chr. oder um 1850 v. Chr.	1
Archimedes	ca. 250 v. Chr.	2
Liu Hui	nach 263	5
Zu Chongzhi	ca. 480	6
Dschamschid Mas´ud al-Kaschi	ca. 1424	15
Ludolph van Ceulen	1596	20
Ludolph van Ceulen	1610	35
Jurij Vega	1794	126
William Shanks	1853	(527)
Levi B. Smith, John W. Wrench	1949	1.120
Daniel Shanks, John W. Wrench	1961	100.265
Yasumasa Kanada, Sayaka Yoshino, Yoshiaki Tamura	1982	16.777.206
Yasumasa Kanada, Yoshiaki Tamura, Yoshinobu Kubo	1987	134.217.700
David und Gregory Chudnovsky	1989	1.011.196.691
Yasumasa Kanada, Daisuke Takahashi	1997	51.539.600.000

Yasumasa Kanada, Daisuke Takahashi	1999	206.158.430.000
Yasumasa Kanada	2002	1.241.100.000.000
Daisuke Takahashi	2009	2.576.980.370.000
Fabrice Bellard	2010	2.699.999.990.000
Shigeru Kondo, Alexander Yee	2010	5.000.000.000.000
Shigeru Kondo, Alexander Yee	2011	10.000.000.000.050
Shigeru Kondo, Alexander Yee	2013	12.100.000.000.050
Houkouonchi	2014	13.300.000.000.050
Peter Trüb / DECTRIS	2016	22.459.157.718.361